AF368267

LE BON ABEILLER.

LE BON ABEILLER,

OU

MANUEL

SIMPLE ET SUFFISANT

Pour établir et diriger une Abeillerie, soit en ruches villageoises anciennes, soit en ruches à hausses simples ou divisibles, les unes et les autres perfectionnées par l'Auteur, et propres à faire très-facilement les essaims artificiels, et à récolter le miel et la cire, le tout sans que les les Abeilles s'en aperçoivent;

PAR UN ABEILLER
du Département de l'Eure.

PRIX : un franc vingt-cinq centimes.

A ÉVREUX,

Chez DESPIERRES dit LALONDE, Éditeur,
Libraire et Relieur, Grande Rue,
près le Pont Saint-Thomas.

1822.

Evreux . de l'Imprimerie d'Ancelle fils.

TABLE

DES CHAPITRES.

Chapitre I.er Exposition. — Ruches villageoises anciennes, *page* 5

Chap. II. Aperçu des dépenses et des produits, 11

Chap. III. Dispositions préparatoires pour établir l'abeillerie, 20

Chap. IV. Placement des ruches villageoises, 24

Chap. V. Manière de recueillir les essaims, 35

Chap. VI. Observations, 43

Chap. VII. Essaims artificiels avec les ruches villageoises, 49

Chap. VIII. Ruches à hausses simples, perfectionnées par l'Auteur, *page* 58

Chap. IX. Détail et prix des hausses simples, 66

Chap. X. Hausses octogones simples, 68

Chap. XI. Manière de débiter le bois pour faire les hausses, 72

Chap. XII. Manière d'assembler une hausse, 81

Chap. XIII. Manière de faire les fonds d'une hausse, 85

Chap. XIX. Manière de faire les tablettes, 88

Chap. XV. Manière de faire les coulisses et de les appliquer aux fonds, et d'appliquer les fonds aux hausses, 91

Chap. XVI. Paillassons, *page* 97

Chap. XVII. Chaperons, 103

Chap. XVIII. Placement des ruches à hausses simples, 106

Chap. XIX. Recueillir les essaims dans une hausse simple, 108

Chap. XX. Essaims artificiels avec les hausses simples, 112

Chap. XXI. Poids des hausses, etc. et machine à peser les ruches, 124

Chap. XXII. Récolte des ruches, usage de la machine, 152

Chap. XXIII. Ruches à hausses divisibles perpendiculairement, 137

Chap. XXIV. Tire - coulisse, manière de s'en servir. 148

Chap. XXV. Manière de faire le miel et la cire, 158

iv TABLE.

Chap. XXVI. Observations. — Ruches de M. *Lombard*. — Essaims recueillis dans deux demi-hausses réunies. — Rats, souris, mulots, etc.; précautions à prendre. — Nourriture aux abeilles; manière de la donner. — Différentes espèces d'abeilles,   *page* 167

Fin de la Table.

LE BON ABEILLER,

OU

MANUEL

SIMPLE ET SUFFISANT.

～～～～～～～～～～～～～～～～～～～～～

CHAPITRE PREMIER.

Exposition.

Depuis plus de quarante ans je m'occupe des abeilles ; je crois avoir lu tout ce qui a été écrit à leur sujet, à partir des temps les plus anciens jusqu'à la facétie pyramidale de P. du Couedic, et autres écrits postérieurs.

1.

Après avoir fait usage de ruches de toutes les formes et de
cent procédés différens, j'ai re-
connu que le meilleur parti,
pour les gens de la campagne,
pour les personnes peu fortu-
nées, est de s'en tenir aux simples anciennes ruches villageoises, qui sont des paniers en forme de cloches, tressés en paille,
en osier, ou en troëne, enduits
d'un mortier qu'on appelle du
pourget, qui est fait avec de la
bouze de vache et de la charrée;
leur grandeur doit être déter-
minée par le plus ou moins

d'avantages que peuvent procurer aux abeilles, le climat et
les productions du pays qu'on
habite.

Une longue expérience m'a
démontré toute l'importance de
cette règle pour la grandeur des
ruches, qui doit toujours être la
même pour chacune d'elles dans
le même canton ; car il résulte
beaucoup d'inconvéniens de leur
trop grande, comme de leur
trop petite capacité, tant par
rapport à l'emmagasinement
des provisions des abeilles, qu'à
leur conservation pendant l'hi-

ver, et à l'essaimage ; si on fait usage de ruches trop grandes, les essaims, surtout les tardifs, sont découragés, éprouvent du malaise pendant l'hiver, à la fin duquel ils périssent, ou ils ne peuvent essaimer, ou ne le font que fort tard, ce qui ne fait que propager la misère de l'abeille-rie, et finit par la détruire.

Dans la partie de la Norman-die que j'habite, à vingt-cinq lieues de Paris, la prospérité est généralement pour les ruches de onze à douze pouces de diamètre par le bas, sur quinze à seize

(9)

de hauteur intérieurement : les
ruches de cette dimension s'ap-
provisionnent facilement , pas-
sent bien l'hiver , et essaiment
presque toujours plus tôt que les
plus grandes, surtout si on tient
leurs entrées seulement de deux
à trois pouces de longueur sur six
lignes de hauteur : en suivant
cette méthode, on est dispensé
de fournir aux abeilles de la
nourriture, procédé qui m'a presque toujours paru mauvais et
trop dispendieux pour un grand
nombre de ruches, et qui ne
réussit pas toujours à les sauver ;

on peut cependant avoir quelques paniers un peu plus grands, pour recevoir deux essaims qui, au départ, viennent à se mêler et n'en font plus qu'un.

Si absolument on veut donner à manger aux abeilles, on soulève la ruche, on met sur la tablette une assiette pleine de miel, recouvert d'un papier très-piqué avec une grosse épingle ; on ôte cette assiette lorsqu'elle est vidée : si les gâteaux descendent trop bas, on exhausse la ruche sur un rouleau de paille, que l'on calfeutre avec du pourget.

CHAPITRE II.

Aperçu des Dépenses et des Produits de l'établissement d'une Abeillerie en ruches villageoises, calculés au plus haut pour la dépense, et au plus bas pour le produit.

Un panier, appelé ruche, recouvert de

	fr.	c.
son enduit, coûte. . . , ...	»	75
Les pieux.	»	25
La tablette	»	75
Le paillasson.	»	25
La grande corde . ;	»	10
Le pot et le cercle	»	40
Total . «.	2	50

Première année. Achat de deux paniers, pieux, etc. . . . .   5 »

Achat de deux essaims . . . .   24 »

Deuxième année. Achat de deux paniers, etc. . . . .   5 »
pour recevoir deux essaims, présumés devoir sortir des deux ruches de la première année, ce qui formera alors quatre ruches pleines, ci . . . . 4 ruches.

Troisième année. Achat de quatre paniers, etc. . . . . . .   10 »
pour recevoir quatre. essaims, qui formeront .alors huit ruches pleines ; vendre en septembre les deux achetées la première année, il reste alors six ruches pleines, ci . . . . 6 ruches

____

44 »

	fr. c.
Dépenses ci-contre	44 »

Quatrième année. Achat de six paniers, etc. . . . . 15 »

pour recevoir six essaims, qui formeront alors douze ruches pleines, vendre en septembre les deux arrivées la deuxième année, il reste alors dix ruches pleines. ci . . . . 10 ruches.

Cinquième année. Achat de dix paniers, etc. . . . . 25 »

pour recevoir dix essaims, qui formeront alors vingt ruches pleines ; vendre en septembre les quatre arrivées la troisième année ; il reste alors seize ruches pleines, ci . . . . 16 ruches.

Sixième année. Achat de seize paniers, etc. . . . . 40 »

____

124 »

fr. c.

Dépenses d'autre part, ci . .   124 "

pour recevoir seize essaims, qui formeront alors trente-deux ruches pleines ; vendre en septembre les six arrivées la quatrième année, il reste alors vingt-six ruches pleines, ci . . . . 26 ruches.

Septième année. Achat de vingt-six paniers, etc. . . . . .   65 "

pour recevoir vingt-six essaims, qui formeront alors cinquante-deux ruches pleines ; vendre en septembre les dix arrivées la cinquième annéc, il reste alors quarante – deux ruches pleines, ci. . . . . .42 ruches.

Huitième année. Achat de quarante-deux paniers, etc. . .   105 "

____
294 "

fr. c.

Dépenses ci-contre . . . . 294 »

pour recevoir quarante-deux essaims , qui formeront alors qua-
tre-vingt-quatre ruches pleines ;
vendre en septembre les seize arrivées la sixième année, il reste
alors soixante-huit ruches pleines, ci. . . . . 68 ruches.

Neuvième année. Achat de
soixante-huit paniers, etc. . . . 170 »
pour recevoir soixante-huit essaims, qui formeront cent trente-
six ruches pleines ; vendre en
septembre les vingt-six arrivées
la septième année, il reste alors
110 ruches pleines, ci. 110 ruch.

Total des dépenses. . . . 464 »

On aura vendu soixante-six
ruches pleines, à 10 fr , ci.. . . 660 »

Reste en bénéfice. . . . 196 »

On aura fait un bénéfice sur le pied de 24 fr. 50 cent. par chacun an, en huit années ; mais on se trouve possesseur d'environ cent ruches ; si on se borne à ce nombre, on pourra vendre chaque année cent ruches pleines venues de l'année précédente, ce qui, à dix francs chacune, donnerait un revenu annuel de. . . . . 1000 fr.

Si en commençant, on était en etat d'acheter plus de deux essaims, on se trouverait bien plus tôt possesseur d'un grand nombre de ruches pleines.

Il est facile d'apercevoir qu'on ne vend de ruches que celles âgées de deux ans : on ne peut que perdre à garder des ruches plus long-temps, sans les vendre ou sans les transvaser ; mais quand on est arrivé au plus grand nombre qu'on peut avoir, il faut bien alors chaque année vendre toutes celles de l'année précédente, si la saison a été favorable.

Je n'ai compté la venue des essaims que sur le pied d'un seul par chaque ruche chaque année, mais quelquefois des ruches en donnent plusieurs, soit deux ou trois ; cela avance l'augmentation du nombre, mais il est rare que ces seconds, et surtout les troisièmes aient du succès ; d'ailleurs, quelques ruches ne donnent point d'essaims ; cela fait à-peu-près compensation.

Quand on possède le nombre de ruches que l'on peut avoir, et que l'on a établi pieux, tablettes, etc., tout ce qu'il faut pour recevoir cent essaims, il n'y a plus de dépenses à faire aux paniers, pieux, tablettes, etc., excepté pour remplacer ce qui dépérit à la lon-

gue; et alors on a annuellement un revenu net de mille
francs au plus bas.

CHAPITRE III.

Dispositions préparatoires pour établir l'Abeillerie.

Lorsque l'on est déterminé à commencer l'établissement d'une abeillerie, on doit, dans le mois de mars, se transporter chez un possesseur d'Abeilles, arrêter de prix pour l'achat des deux ou quatre essaims qui partiront les premiers ; ensuite on fait faire, ou on fait soi-même les paniers en forme de cloche, de la grandeur qu'on a fixée.

A ces paniers il y a toujours au haut une poignée, qui est un morceau de bois saillant, qu'il faut réduire à la longueur de trois ou quatre pouces, et rendre pointu, afin qu'il entre un peu et qu'il tienne mieux dans le milieu de la tête du paillasson qui devra recouvrir sa ruche; on fait aussi au travers de cette poignée un trou avec une vrille, pour y passer une corde qui sert à peser facilement les ruches avec un peson, lorsqu'on veut les vendre, ou pour toute autre raison.

Les Paniers bien enduits de leur Pourget, étant bien séchés, on les transporte chez la personne qui a vendu les essaims, afin que, lorsqu'ils partiront, on les recueille dans ces paniers, le vendeur des Essaims doit avertir l'acheteur le jour même où chaque Essaim, ou plusieurs seront partis et recueillis, afin qu'il les transporte chez lui le même soir:

L'acheteur aura eu soin de se prémunir à l'avance des pieux, tablettes, paillassons, cordes, pots et cercles qui lui seront nécessaires ; il aura dû même mettre en place les pieux et les tablettes ; le tout prêt à recevoir les Ruches à leur arrivée.

CHAPITRE IV.

Placement des Ruches.

L'EXPÉRIENCE m'a fait trouver préférable à toute autre manière, celle d'établir les ruches en plein air, abritées des vents du nord et de l'ouest, par des murs ou des plantations plus ou moins éloignées ; aucune intempérie des saisons ne les affecte, ni les grands froids, ni les longues pluies, ni les grands vents, lorsqu'elles sont bien établies, bien soignées, et bien surveillées.

Pour fixer les ruches solidement, il faut se pourvoir, 1.º de
pieux de bois de chêne, pris
dans des bûches refendues en
plusieurs morceaux : ils doivent
être de trente pouces de longueur, et de la grosseur de deux
pouces ; il en faut quatre pour
chaque ruche ; ils durent fort
long-temps.

2.º On a des tablettes faites
en planches de neuf lignes d'é-
paisseur ; elles doivent être ron-
des, avoir treize ou quatorze
pouces de diamètre, et être con-
tenues en dessous, chacune par

deux tringles faites avec de la latte épaisse, ou des douves de futailles, et fixées avec des clous d'épingles de douze ou quinze lignes ; on ajoute trois bouts de lattes de cinq ou six pouces de longueur, que l'on cloue l'un contre l'autre sous la tablette, de manière qu'ils excèdent le bord de cette tablette de trois ou quatre pouces, vis-à-vis de la porte de la ruche ; ils servent à recevoir les abeilles qui s'y abattent en arrivant des champs.

3.º Il faut pour chaque ruche un paillasson fait avec du

feurre de seigle , qu'on lie fortement contre et au-dessous de
l'épi, avec une ficelle assez grosse
pour qu'elle ne coupe pas la
paille que l'on serre avec un
petit garrot qu'on laisse enfoncé
debout dans la tête du paillasson;
ce paillasson doit être assez long
pour que , lorsqu'il est posé sur
la ruche et contenu par le cercle, il descende deux pouces plus
bas que la tablette qu'il doit en-
velopper ; c'est le seul moyen de
préserver les ruches de l'humidité qui leur est fatale.

4.° Pour chaque ruche une

brasse de grosse ficelle pour la bien retenir sur sa tablette, sans que les grands vents puissent la renverser : cette ficelle s'attache à un pieu de devant, au-dessous d'un petit clou qui la retient, monte jusqu'à la poignée de la ruche, se tourne une ou deux fois autour de cette poignée, et va s'attacher en croisant, à un pieu de derrière, et aussi au-dessous d'un petit clou.

5.° Un pot à fleurs commun pour coiffer le paillasson ; si ce pot est percé par le fond, on le bouche avec un bouchon de liége ou de bois.

6.º Un cercle de treize à qua-torze pouces de diamètre, pour contenir fermement le paillasson.

Ce cercle ne doit pas être lié avec de l'osier, mais retenu avec deux clous d'épingles.

Lorsque l'on est muni de toutes ces choses en nombre suffisant pour les essaims que l'on attend, on trace au cordeau une raie sur le terrain qui doit être uni en gazon tenu court, ou bien raviné; cette raie doit être au moins à la distance de quatre pieds loin du mur ou des plantations qui peuvent s'y trouver, parce qu'il est nécessaire de pouvoir passer librement der-rière les ruches, comme devant et entre elles.

En plaçant des ruches sur une même ligne, il faut qu'il se trouve une distance de deux pieds, à partir du milieu de la porte d'une ruche jusqu'au mi-lieu de la porte de la ruche voi-sine ; cela est facile à obtenir, d'après la manière de placer les piquets comme je vais l'indiquer ; la distance de deux pieds d'une porte d'une ruche à l'autre, les préserve beaucoup du pillage ré-ciproque.

(31)

Pour établir ainsi cent ruches sur une même ligne, il faudrait une longueur de terrain de plus de deux cents pieds, afin de pouvoir passer librement à chaque bout de la rangée ; cette longueur est rare dans des terrains clos; une rangée de vingt-cinq ruches n'exige qu'une longueur d'environ soixante pieds, ce qui se rencontre plus ordinairement; et on peut mettre ainsi plusieurs rangées de vingt-cinq ruches dans le même enclos, pourvu qu'on établisse ces rangées au moins à six pieds l'une de l'autre.

Quand on attend les essaims, il convient de mettre en place les pieux et les tablettes, sur la raie que l'on a tracée au cordeau.

Si on commence par un bout à gauche, on laisse libre une longueur de trois ou quatre pieds, et à cette distance, en allant à droite, on place sur la raie un pieu qu'on enfonce en terre de dix-huit pouces; on place ainsi sur cette raie un second pieu, à la distance de dix pouces du premier; on place également à dix pouces en arrière, deux autres pieux vis-à-vis des deux qui sont sur la raie ; ces quatre pieux valent beaucoup mieux que trois, sur lesquels les ruches ne peuvent être assises aussi solidement.

Lors donc que les quatre pieux sont enfoncés bien droits, et les deux de devant plus avant de trois lignes, afin de donner un peu de pente à la tablette : on place cette tablette bien également sur ces quatre pieux, et on l'y fixe avec un clou sur chaque pieu.

Pour placer à côté une seconde tablette, on met contre le pieu, à droite de la première, et sur la raie, une mesure de quatorze pouces, au bout de laquelle on enfonce un nouveau pieu, à dix pouces duquel on en enfonce un second, et le tout ensuite comme on a fait pour établir la première tablette.

Lorsque tout est ainsi disposé pour autant d'essaims qu'on en attend, on est tranquille et en mesure pour les recevoir.

CHAPITRE V.

Manière de recueillir les essaims.

LE commencement et la suite du départ des essaims sont subordonnés au climat du pays qu'on habite, à l'avancement, au retard et à l'interruption de la chaleur de la saison. Ordinairement des essaims partent depuis la fin d'avril jusqu'à la fin de juin, et même en juillet et août; il faut donc, pendant tout

ce temps surveiller plus particulièrement le mouvement de
ses ruches, ou y attacher quel-
qu'un qui les observe constamment, depuis neuf heures du
matin jusqu'à quatre heures
après midi, plus ou moins, selon le temps qu'il fait ; s'il y a
quelques arbres auprès de l'a-
beillerie , il est rare que les essaims aillent s'abattre plus loin.
Lorsqu'un essaim paraît s'être
décidément fixé , si le soleil
frappe, ou doit bientôt frapper
dessus, on l'abrite avec une nappe
élevée au haut de deux bâtons

ou de deux gaules ; sans cela, il pourrait bien repartir ; on apporte auprès et en place, à l'ombre, une petite table et la ruche qui doit le recevoir ; on a dû frotter intérieurement et légèrement cette ruche avec du miel ; c'est ce qu'il y a de meilleur que toutes les herbes aromatiques et l'urine, pour engager les abeilles à y monter plus promptement ; on sait qu'il doit y avoir dans la ruche deux baguettes croisées, utiles pour soutenir l'essaim et son ouvrage ; si on doit porter cet essaim un

peu loin, on aura mis une nappe
sur la petite table ; cette nappe,
en la retroussant par les quatre
coins autour de la ruche , sera
très-commode pour la porter
sans secousses. Pour recueillir
l'essaim, on présente au-dessous la bouche de la ruche, on
donne à la branche sur laquelle
il repose un coup sec pour le
faire tomber dedans, et avec un
balai de plumes, on y jette ce
qui peut rester d'abeilles sur la
branche ; si le gros de l'essaim
est contre le tronc de l'arbre ou
sur trop forte branche, c'est

avec ce ballet de plumes qu'on le pousse en entier dans la ruche ; quelquefois un essaim se pose presqu'au bas d'une haie ou d'un petit arbre ; alors on lui présente la ruche de côté , et on le dirige dedans avec le ballet de plumes; quelquefois l'essaim se pose à terre sur l'herbe haute ou sur un petit buisson ; dans ce cas on le couvre avec la ruche, soutenue avec quelques cailloux, aussi bas que possible, et l'essaim ne tarde pas à y monter.

Dans toutes ces opérations, les abeilles sont peu malignes ;

cependant, pour pouvoir agir
plus tranquillement, il est bon
d'avoir des gants de forte toile,
ou autres, et de s'affubler d'un
habillement qui est tout simplement un pantalon de toile et une
chemise, au cou de laquelle on
a cousu un tamis de crin for
clair, qu'on fixe vis-à-vis de son
visage ; le tout est contenu pa
la ceinture du pantalon.

Lorsqu'un essaim est mont
dans la ruche, on la pose dou
cement sur la petite table et su
deux tuileaux, du côté où n
donne pas le soleil ; on la laiss

ainsi jusqu'à ce que ce qui reste d'abeilles voltigeantes encore autour de la place où l'essaim s'était abattu, soit presqu'entièrement entré dans la ruche, par le passage qui leur est offert du côté des tuileaux.

Quand les choses en sont à ce point, on prend la ruche par la poignée, on retrousse les quatre coins de la nappe ; on les réunit dans sa main, pour enlever doucement la ruche, qu'on porte à la place où elle doit rester ; on la place sur sa tablette, sur laquelle on la mastique bien par le bas avec le pourget ; on calfeutre ainsi avec soin toutes les crevasses qui peuvent être sur cette ruche ; tout cela étant fini , on l'attache avec la corde , on l'habille avec son paillasson , le cercle et le pot à fleurs , et on coupe convenablement le bas du paillasson vis-à-vis de la porte de la ruche , afin que les abeilles puissent sortir et aller travailler dès le lendemain matin ; on aura eu soin de ne pas placer l'essaim trop près de la ruche d'où il est sorti.

CHAPITRE VI.

Observations.

Une Abeillerie de cent ruches placée dans un même enclos, serait d'une très-difficile exploitation ; lors du départ des essaims, dans un jour de forte chaleur, un trop grand nombre de ruches peut essaimer à-la-fois, et les essaims se mêler de manière à former plusieurs masses de cinq ou six essaims réunis ; j'ai vu cela arriver à Eisden près de Maëstricht, pays très-peuplé d'abeilles ; dans ces circonstances, les propriétaires prennent plusieurs jointées d'abeilles à même ces masses, et les distribuent dans les ruches, qu'ils mettent de suite en place ; comme d'un pareil procédé il arrive nécessairement que beaucoup de ruches se trouvent n'avoir pas de reine, tandis que plusieurs en possèdent deux ou trois, le résultat est que, le lendemain, les abeilles sans reine partent de nouveau, s'en vont très au loin, ou viennen assaillir les ruches qui ont des reines ; il y a combat, désordre et perte : sur vingt essaims partis, on en perd la moitié, quelquefois plus.

Il est donc prudent de distribuer ses ruches dans plusieurs enclos. Pour qu'une abeillerie prospère, il faut que le propriétaire ait un goût, un attachement très-fort et très-constant pour les abeilles, qu'il n'ait aucune peur de leurs piqûres, qu'il se familiarise avec elles , en les visitant souvent, et leur parlant beaucoup : il doit, au moins une fois par mois, et même plus souvent, enlever leurs paillassons, pour détruire les limaçons, les papillons, et autre vermine, qui se logent dessous, et pour recalfeutrer avec soin les crevasses, même les plus petites, qui se font aux ruches.

Un bon Abeiller doit, comme un bon berger, avoir constamment l'œil sur les précieux animaux confiés à ses soins, parce que leurs mouvemens indiquent leurs besoins et les secours qui leur sont nécessaires pour empêcher leur destruction : c'est tout

jours faute de soins et de sur-
veillance soutenue, que les gens
de la campagne, surtout, per-
dent leurs abeilles.

Il m'est arrivé très-rarement
d'être piqué par les abeilles;
mon seul remède est de retirer
sur-le-champ l'aiguillon, de
presser la piqûre pour en faire
sortir le venin, et de la frotter
plusieurs fois avec la salive ; la
douleur et l'enflure cessent
promptement.

A la mi-septembre, on met
devant la porte de chaque ruche un bout de latte, sur lequel

on a fait trois ou quatre entailles, par où les abeilles ne peuvent passer qu'une à la fois; on assure bien ce bout de latte avec deux petits clous, et on le laisse ainsi jusqu'à la fin d'avril; il empêche le pillage.

CHAPITRE VII.

Esssaims artificiels.

Sı on ne veut point attendre le départ naturel des essaims, si on veut s'épargner la peine de surveiller ce départ, on peut former soi-même artificiellement ses essaims avec les ruches villageoises, en suivant les procédés de M. du Carne de Blaugy, amateur d'abeilles très-distingué ; ses procédés sont simples, préférables à tous autres, et procurent beaucoup de succès, ainsi que je l'ai éprouvé, en les modifiant un peu par ceux de M. de Gélieu, autre amateur renommé.

Vers le quinze de mai, quand il fait déjà chaud, si le beau temps paraît devoir se soutenir, si des ruches paraissent très-peuplées, on se décide à en former soi-même les essaims, et on s'y prend de la manière suivante : après le soleil couché, on porte, derrière la ruche qu'on veut opérer, une autre ruche vide, bien nétoyée et frottée d'un peu

de miel ; on porte en même-
temps une petite nappe, plus
trois pieux ; on les place en
forme de triangle , on les enfonce
en terre d'environ un pied , et
distans l'un de l'autre d'à-peu-
près dix pouces ; il est bon de
mettre son habillement de dé-
fense ; ensuite on enlève la ruche
pleine , qu'on renverse sans dessus dessous ; on la place ainsi la
bouche en haut , entre les trois
pieux qui doivent la bien retenir droite : on la couvre aussitôt
bouche à bouche avec la ruche
vide ; on les calfeutre bien avec

le pourget qu'on a dû apporter,
et de façon qu'aucune abeille ne
puisse sortir ; on peut même
faire mieux, en ayant un plateau en planches minces, un
peu plus large que la ruche,
percé d'une lunette ronde, d'un
diamètre moins grand de deux
pouces que la bouche des ruches;
on le place sur la ruche renversée, on met par-dessus la ruche
vide, et on calfeutre avec soin
par-dessous et par-dessus ce plateau : les choses étant en cet
état, on prend deux baguettes,
et en tenant une dans chaque

main , on frappe d'abord à petits coups contre les parois de la
ruche renversée, où sont les
abeiles ; on continue un peu plus
fort , et toujours en augmentant
et frappant depuis le bas jusqu'en
haut de la ruche renversée ,
pendant environ quinze minu-
tes ; cela est suffisant pour qu'une
grande partie des abeilles et leur
reine soient montées dans la ruche vide ; on le reconnaît au
bourdonnement fort et continuel
qu'elles y font ; il est bon qu'il
reste une partie des abeilles dans
la ruche renversée ; alors on dé-

joint les deux ruches, on pose à terre, sur la nappe, celle où l'on a fait monter les abeilles. On retrousse et l'on noue ensemble les quatre coins de la nappe, et aussitôt on ôte le plateau, on retourne et on remet à sa place, sur sa tablette, la ruche dont on a chassé la reine et grande partie des abeilles; on va porter l'autre à vingt ou trente pas plus loin, sur une tablette qu'on a dû y établir d'avance; et enfin, on calfeutre et on rhabille ces deux ruches avec leurs paillassons; c'est ainsi que

d'une ruche on en a fait deux,
ce qui équivaut au départ d'un
bon essaim; le lendemain beaucoup d'abeilles reviendront à
leur première ruche; et quoi-
qu'elles n'y retrouvent pas de
reine, elles s'y attacheront,
parce que, dans cette saison, il
y a toujours du couvain royal,
qui, sous peu de jours, pro-
duira une ou plusieurs reines;
quant à la reine mère, qui est
dans l'autre ruche, il lui res-
tera toujours assez bonne com-
pagnie.

Il arrive quelquefois de ne

pas réussir dans cette opération, parce que la reine mère n'a pas monté dans la ruche vide; quand il en est ainsi , toutes les abeilles reviennent à leur première ruche; et quelques jours après, on peut recommencer l'opération ; l'essentiel est que la ruche où est la reine ne reste pas à sa place primitive; plus on a de ruches, et plus il convient de faire beaucoup d'essaims artificiels , afin d'éviter les embarras du départ simultané des essaims naturels. Il y a des années très-défavorables à la production des essaims : lorsque les mois d'avril et de mai sont froids et humides, les essaims sont rares, ainsi que la récolte du miel ; on ne doit guère risquer de faire des essaims artificiels dans de telles années.

CHAPITRE VIII.

Ruches à hausses simples, closes en bois de menuiserie, perfectionnées et mises en usage par l'Auteur de ce Manuel.

Avec les anciennes ruches villageoises, il est certain qu'on récoltera toujours du miel de bonne qualité pour le commerce ordinaire, s'il n'a pas resté plus de deux ans dans les ruches; cependant il ne sera pas exempt de mélange de couvain, à moins que, pour l'en écarter, on n'apporte dans sa préparation un soin particulier, que les acheteurs de ruches pleines pour faire miel et cire prennent d'autant moins que ce mélange augmente la masse du miel; mais aussi il en détériore la qualité, et provoque la répugnance des personnes délicates qui se connaissent en miel, parce qu'elles savent que le couvain n'est que les vers, les œufs et les corps imparfaits des abeilles, restés en matière blanche. On n'évite

ce grand inconvénient, qu'en
faisant usage de ruches composées de plusieurs hausses : cette
espèce de ruche a été imaginée
depuis très-long-temps; beaucoup d'amateurs s'en sont ser-
vis et s'en servent encore ; ces
hausses sont de différentes hau-
teurs; il y en a de trois, de
quatre, de six , de huit pouces,
et même plus ; ce sont des ronds
ou des carrés faits en paille ou
en planches ; ils sont sans fond
ni couvercle.

Avec ces hausses mises l'une
sur l'autre, on forme une ruche

de la hauteur qu'on désire; il
suffit de coller une bande de papier sur les jointures, pour qu'elle
soit solide. Tout système de ruches à hausses en bois, étant dispendieux, il ne convient qu'aux
amateurs ayant de la fortune:
lorsqu'un essaim a été reçu dans
une ruche à hausses, et qu'il l'a
bien remplie de son ouvrage,
on en tire chaque année une récolte, en passant un fil de fer
entre deux hausses, au-dessous
de la supérieure ou des deux
supérieures, selon qu'après l'a-
voir pésée, la ruche a paru bien

fournie : ce fil de fer coupe le haut de tous les gâteaux ; mais il résulte que beaucoup de miel coule du haut en bas de la ruche, et y occasionne du dégât et du désordre ; d'ailleurs, des milliers d'abeilles sortent en un instant par le haut, et attaquent violemment celui qui veut ainsi dérober le fruit de leurs travaux ; et celui qui veut y poser un nouveau couvercle, se trouve souvent fort embarrassé, comme je l'ai moi-même éprouvé, tant que je me suis servi de pareilles hausses. Cependant, avec ces ruches à hausses, on obtient le grand avantage de récolter du miel très-pur, sans aucun mélange de couvain, parce que les abeilles établissent toujours leur magasin de miel dans le haut de la ruche, et ne placent leur couvain que dans le milieu.

Fatigué des grands inconvéniens que je viens de citer, et qui résultent de l'imperfection de ces hausses. J'ai cherché à les amener ; et je crois, après une longue expérience, les avoir amenées à un point de perfection, tel qu'on peut faire la récolte du miel, et former des essaims artificiels sans le moindre embarras, sans que les abeilles en soient tourmentées, sans qu'elles s'en aperçoivent.

Une longue pratique m'ayant convaincu que la forme ronde pour les ruches, plaît beaucoup aux abeilles, j'ai fait usage de hausses faites avec des cercles dont sont composés les seaux de bois; j'en ai éprouvé des inconvéniens : ces cercles ont trop peu d'épaisseur. J'ai fait mes hausses en bois de menuiserie, sapin ou peuplier, et je leur ai donné la forme octogone, qui se rapproche le plus de la forme ronde, et est aussi facile à habiller avec des paillassons quelconques.

CHAPITRE IX.

Détail des pièces qui composent mes ruches à hausses simples, closes et à coulisses, et de tous leurs accessoires, avec le prix de chaque partie.

1.º Une hausse est composée de sa boîte, de deux fonds et de deux coulisses.

2.º Trois hausses posées l'une sur l'autre, sont regardées comme formant une ruche complette.

3.º Chaque hausse avec ses deux fonds, et bois fourni par le menuisier, coûte deux francs, ci . . . .

fr. c.

2   »
_____

2   »

		fr.	c.
Dépenses ci-contre		2	»
4.º Les deux coulisses, à vingt-cinq centimes la pièce, ci		»	50
5.º Deux autres hausses pareilles. :		5	»
6.º Une tablette		»	75
7.º Une corde		»	10
8. Un paillasson.		»	70
9.º Un chaperon.		»	70
10.º Quatre pieux		»	25
Total . «.		10	»

Ces ruches sont d'une durée pour ainsi-dire infinie.

CHAPITRE X.

Hausses octogones simples.

Peu de personnes ignorent qu'un octogone est une figure qui présente huit faces égales ; on peut tracer sur le papier une figure octogone, en faisant d'abord un carré dont ensuite on coupe les quatre angles dans une proportion convenable, il en résulte une figure octogone.

Mes hausses sont faites avec de la planche de neuf lignes

d'épaisseur ; elles ont huit pouces de hauteur ; la largeur ordinaire des planches étant de huit
pouces, la hauteur des morceaux
qui composent mes hausses est
prise sur cette largeur, de façon
qu'il n'y a pas de perte au dé-
bit des planches.

Quand on a procédé à la fa-
brication de mes hausses , de la
manière que je vais indiquer ,
on en met plusieurs l'une sur
l'autre pour former une ruche ,
rarement en faut-il plus de trois;
il est inutile d'attacher ensemble les hausses avec des crampons ou autrement.

Pour obvier aux inconvé-
niens qui résultent des hausses
ordinaires, qui n'ont ni fond
ni couvercle ; je pensai que je
devais clore mes hausses par le
haut et par le bas, en faire des
boîtes complètement fermées
par un fond supérieur et un inférieur ; et qui, posées l'une sur
l'autre, communiqueraient ensemble par des ouvertures con-
venables ; faites aux fonds, lesquelles ouvertures se trouve-
aient appliquées avec précision
l'une contre l'autre ; cela ne me
suffisait pas encore : j'imaginai

donc de mettre à ces ouvertures des coulisses de fer-blanc fa-
ciles à faire mouvoir, et avec
lesquelles les abeilles se trouve-
raient à l'instant enfermées dans
chacune de mes hausses, à ma
volonté, et sans qu'elles puissent s'apercevoir ni se douter
qu'elles seraient prisonnières ;
par ce moyen, on enlève tranquillement la hausse que l'on
veut récolter, ou celle dont on
veut faire un essaim artificiel (1).

-----

(1) Ici, je me trouve saisi de crainte ;
M. P. du Couédic dira peut-être que je ne
suis qu'un plagiaire, que je lui dérobe sa

CHAPITRE XI.

Manière de débiter le bois pour faire les hausses.

Pour construire une de mes hausses, il faut préparer huit

ruche pyramidale; je lui répondrai que c'est en 1782, au village d'Eisden près de Maëstricht, que j'ai conçu et exécuté mon système de ruches à hausses closes et armées de coulisses; que peut-être on y en trouverait encore quelques restes; que ses hausses n'ont qu'un fond, et que les miennes en ont deux; que les miennes ont des coulisses, et qu'il n'a pas imaginé d'en mettre aux siennes; qu'il nous a morceaux de planches, tous égaux en hauteur de huit pouces, épaisseur, neuf lignes, largeur d'une face extérieure, cinq pouces ; largeur de l'autre face intérieure, quatre pouces six li-

---

vanté l'usage que faisait M. de la Bourdonnaye, de ruches à deux hausses, inventées bien avant cet amateur ; qu'il nous vante comme un effort d'invention, d'avoir ajouté une troisième hausse sur les deux de M. de la Bourdonnaye, qui probablement en avait déjà fait l'essai lui-même, comme beaucoup d'autres ayant des ruches à hausses ; et enfin, que dans l'antique Maison Rustique, page 367, il y verra, à l'article Ruches, la citation de ruches *pyramidales*, qui étaient tout simplement des ruches à plusieurs hausses sans fonds.

5

gnes; à cet effet, on prend une planche de sapin ou bois blanc, d'une longueur quelconque; on la pose sur un établi, on la dresse un peu sur son plat et sur ses tranches avec un rabot; ensuite, tout près d'un bord de la planche, on trace légèrement une ligne dans toute la longueur de cette planche; on en trace une pareille tout près de l'autre bord; on la retourne, et on trace de l'autre côté deux lignes pareilles; on a deux compas, dont les pointes doivent être aiguës, et dont l'un est ouvert

de cinq pouces , et l'autre seulement de quatre pouces et demi ; je suppose qu'on veut attaquer la planche par le bout à
gauche , en allant ensuite à droite , on pose le compas ouvert
de quatre pouces et demi sur
une des deux lignes tracées,
pour y marquer légèrement deux
points ; on prend l'autre compas ouvert de cinq pouces ; on
pose sa pointe gauche dans le
point à droite qui vient d'être
marqué par le premier compas,
et on marque légèrement un
point avec l'autre pointe de ce

5.

second compas ; il résulte de ce procédé trois points de marqués, dont la distance entre les deux premiers est de quatre pouces et demi, et celle entre le second et le troisième est de cinq pouces ; on continue ainsi alternativement avec les deux compas, jusqu'au bout de la planche ; ensuite on en fait autant sur l'autre ligne qui est tracée sur ce même côté : lorsque tous ces points sont ainsi marqués sur ces deux lignes, on prend une petite règle, qu'on pose en travers de la planche sur chaque

premier point des deux lignes ,
et on tire une raie droite d'un
point à l'autre ; on en tire ainsi
jusqu'au bout de cette planche ,
et toujours d'un point à celui
qui lui correspond en ligne
droite. Cela étant fini , on retourne la planche sur son autre
côté , sur lequel on fait la même
opération ; il résulte de ce procédé, qu'entre deux raies , il y
a alternativement une distance
de quatre pouces et demi , et
une de cinq pouces ; mais il est
à remarquer, qu'en retournant
la planche de l'autre côté pour

y tracer les lignes et les points, il a fallu commencer par le même bout par lequel on a commencé du premier côté, et s'être servi d'abord du compas ouvert de cinq pouces, et avoir marqué le premier point à trois lignes avant d'être vis-à-vis du premier point marqué de l'autre côté de la planche; lorsque cette planche est ainsi tracée des deux côtés, on la pose de champ sous le valet de fer de l'établi, qu'on serre assez fortement pour que la planche ne puisse vaciller; les choses étant

en cet état, on prend une scie
fine, on la pose sur la tranche
de la planche, et de biais, au-
dessus des deux raies les plus
voisines, tracées l'une d'un
côté et l'autre de l'autre de la
planche; on scie ainsi de biais
ce morceau, jusque sur l'établi, en suivant exactement ces
deux lignes; et c'est ce biais
bien observé, qui fait qu'un
côté de ce morceau se trouve
présenter une face de cinq
pouces, tandis que l'autre côté
n'en présente une que de quatre pouces et demi; on con-

tinue ainsi à scier de biais tous les morceaux comme ils sont tracés ; il n'en faut que huit pour former une hausse.

CHAPITRE XII.

Manière d'assembler une hausse.

Pour y parvenir, on place un de ces morceaux debout sous le valet de fer, qu'on serre assez fortement; on présente contre le côté de ce morceau, le côté d'un autre morceau, biais contre biais; on les cloue ensemble avec trois clous d'épingles fins, longs de dix-huit lignes, qu'on enfonce horizontalement; lorsque cela est fait, on desserre le valet, qu'on serre de nouveau sur le morceau qui vient d'être uni au premier, et auquel on unit pareillement un autre morceau : on continue ainsi, jusqu'à ce que les huit morceaux soient attachés ensemble, et forment une hausse octogone sans fond, ayant un pied de diamètre à l'extérieur d'une face, à la face opposée.

Pour me faciliter la construction de ces hausses, j'ai imaginé de faire un moule comme il suit.

Sur une table, ou mieux sur un plateau particulier en bois, de dix à douze lignes d'épaisseur, et de dix-huit ou vingt pouces en carré, on trace un octogone d'un pied de diamètre; dans l'intérieur de cet octogone, on en trace un second, à neuf lignes près du premier; ensuite, sur une tringle de bois, épaisse de neuf lignes, et large de quinze lignes, on coupe des tassaux, avec lesquels on entoure, à l'extérieur et à l'intérieur, l'espace qui se trouve entre les deux raies octogones qu'on vient de tracer, et on les cloue; cela forme un creux octogone, une espèce de moule profond de quinze lignes, dans lequel on implante les huit morceaux de bois qui doivent former une hausse; et pour les clouer l'un à l'autre, on en assure un sous le valet, alternativement.

CHAPITRE XIII.

Manière de faire les fonds.

LORSQUE l'on a confectionné ses hausses, il faut s'occuper de fabriquer les fonds, avec de la planche de six lignes d'épaisseur et de huit pouces de largeur. Pour faire un fond, on en prend deux morceaux, ayant chacun un pied de long, l'un de huit pouces de large, et l'autre de quatre seulement ; on les unit ensemble avec deux traverses

longues de huit pouces, larges
de dix à douze lignes, et épais-
ses de trois ou quatre ; ces traverses doivent strictement être
posées à trois pouces près du
bout des planches, et fixées
avec des clous d'épingles ; cela
fait un fond d'un pied en carré ; il faut ensuite, avec un ciseau bien affilé, ouvrir sur ce
fond, et de part en part, un
passage long de deux pouces,
large de dix-huit lignes, et il
doit être placé juste au milieu
d'un bout de ce fond, contre
une des traverses ; pour donner

à ce fond la forme octogone,
il suffit de poser dessus une
hausse, de tirer une raie aux
quatre coins, et de les scier :
en posant les fonds à une hausse,
les traverses doivent se trouver
en-dedans.

CHAPITRE XIV.

Manière de faire les tablettes.

Une tablette se fait avec du bois de neuf lignes d'épaisseur ; on en prend deux morceaux longs d'un pied , l'un ayant huit pouces de large, et l'autre quatre pouces ; on doit les fixer ensemble avec deux traverses posées à trois pouces près du bout des planches ; on donne à cette tablette la forme octogone , en posant dessus une hausse pour la tracer , et on coupe les quatre angles.

L'entrée des ruches devant être pratiquée dans l'épaisseur des tablettes , on y procède, en faisant au milieu d'un bout des planches de chaque tablette , et de part en part, une entaille large de deux pouces, et profonde de trois, allant jusqu'à la traverse ; cela se fait en deux traits de scie et quelques coups de ciseau ; il faut ensuite appliquer sous cette ouverture une planchette épaisse de six lignes, longue de six pouces, et large

de quatre ; on la fixe avec quatre clous d'épingles ; cela forme
pour les abeilles, une entrée de
neuf lignes de hauteur sur deux
pouces de largeur, comme on
le verra en posant une hausse
sur cette tablette ; les trois pouces de la planchette qui excèdent la tablette, servent à recevoir les abeilles qui s'y abattent
à leur retour des champs, on
ne doit point clouer les tablettes
sur les pieux, afin de pouvoir
les enlever à volonté dans bien
des occasions où cela est plus
commode.

CHAPITRE XV.

Manière de faire les coulisses, de les appliquer aux fonds, et d'appliquer les fonds aux haussés.

LES passages pratiqués aux fonds étant longs de deux pouces, et larges de dix-huit lignes, chaque coulisse doit être de la même grandeur, plus une ligne sur la largeur ; une coulisse est un morceau de fer-blanc, large de vingt lignes, long de vingt-six , percé de plusieurs trous , du diamètre d'une ligne et demie , monté et soudé sur deux branches de fil de fer ; pour former cette coulisse , on prend un bout de fil d'archal long de vingt pouces , et de la grosseur d'une ligne ; on le plie en deux , pour former deux branches ayant chacune une longueur de neuf pouces trois lignes , et ouvertes entr'elles de dix-sept lignes d'un bout à l'autre ; sur les deux bouts des branches , le ferblantier fixera la coulisse , en sertissant de chaque côté le fil de fer , et en le soudant ensuite.

(93)

On applique une coulisse au passage d'un fond avec des petits crampons de fil de fer à deux pointes, dont une plus courte que l'autre, afin que la coulisse marche sous cette pointe plus courte, qui ne la touche pas, mais qui la retient seulement de côté ; la coulisse se pose sur le fond du côté où sont les traverses, et au-delà du passage, de façon que pour la fermer, il faut la tirer toujours de la main droite, étant placé derrière la ruche ; lorsqu'un fond est armé de sa coulisse, on le pose sur la hausse ; on marque la place par où sortent les deux branches qui sont la queue de cette coulisse, on y fait une rainure assez profonde pour que chaque branche coule facilement dans cette rainure, sans être pressée par le fond lorsqu'il est cloué : on cloue ce fond avec quatre clous d'épingles minces, longs de douze à quinze lignes, et toujours de façon que les traverses et la coulisse se trouvent en-dedans de la hausse ; la place où sont les coulisses, est toujours le devant des hausses et de la ruche.

Avant de clouer ces fonds aux hausses, on aura dû mettre au milieu de chacune, deux baguettes en croix ; lorsqu'une ruche est montée, mise en place, et pleine d'abeilles en activité, toutes les coulisses sont ouvertes, excepté celle supérieure de la hausse supérieure, qui a dû être fermée, arrêtée avec un petit clou, et calfeutrée avec du pourget ; lorsque l'on veut enfermer les abeilles dans la ruche, ou seulement dans une des hausses, on se place derrière la ruche, et on tire les coulisses avec

la main droite, car toutes leurs
queues doivent être de ce côté:
on rouvre les coulisses, en le
repoussant avec leurs queues.

~~~~~~~~~~~~~~~~~~~~~~~~~~~~~~~~~~~~

CHAPITRE XVI.

Paillassons.

Les paillassons propres à mes ruches à hausses, sont faits comme ceux dont les jardiniers se servent pour défendre leurs espaliers contre les gelées; ils sont composés de petites poignées de feurre de seigle couchées de travers, et alternativement l'épi d'un côté et de l'autre; elles sont réunies et serrées l'une contre l'autre avec de la ficelle dite

6
~~~~~~~~~~~~~~~~~~~~~~~~~~~~~~~~~~~~

à trois fils, ou trois brins; on fait ainsi quatre rangées de ficelles sur un paillasson; lorsqu'il est fini, et que l'on a coupé les épis qui dépassent de chaque côté, pour les mettre à l'uni, le paillasson doit avoir trois pieds huit pouces de long sur trente pouces de large ; il est essentiel qu'une des quatre rangées de ficelle se trouve à cinq pouces près d'un bord du paillasson, et qu'une autre rangée se trouve à dix-huit lignes près de l'autre bord ; le paillasson ainsi fait, on en entoure la ruche, de façon

que le feurre soit debout ; on le
serre en le croisant un peu derrière la ruche, avec des bouts
de ficelle qu'on a dû attacher
aux bouts du paillasson à ses trois
rangs de ficelle, celui du bas,
celui du haut, et celui du milieu ; pour empêcher ce paillasson de glisser et descendre trop
bas, on y attache un bout de
ficelle, qui passe par-dessus le
milieu du haut de la ruche, et
dont chaque bout est fixé de
chaque côté à la rangée de ficelle du haut du paillasson.

Avant de mettre le paillas-

son à la ruche, on a dû décou-
per au bas de ce paillasson un
passage à la place qui devra se
trouver vis-à-vis de l'entrée de
la ruche; pour bien faire ce
passage, on plie en deux le paillasson, on marque sur ce pli le
point milieu; on déplie le paillasson, on le pose à plat sur un
établi ou sur une table; et, avec
un ciseau de menuisier et un
marteau, on découpe, au point
milieu de ce paillasson, un passage de quatre pouces de large
sur trois pouces de haut; il résulte de ce procédé, que, lors-

que le paillasson est placé autour de la ruche, il descend deux
pouces plus bas que la tablette
qu'il entoure, et qu'il s'en faut
d'un pouce qu'il ne touche à
l'entrée de la ruche (1).

Ces paillassons bien faits sont
d'une très-longue durée et d'une
grande propreté ; j'assure, après
une longue expérience, qu'avec
l'épaisseur du bois de mes hausses, ils mettent les ruches à
l'abri des grandes chaleurs, de

------

(1) Un paillasson qui descendrait plus
bas, pourrait attirer de l'humidité.

l'intensité du soleil, et des grands
froids, secs ou humides; on ne
doit point oublier qu'avant d'en-
velopper la ruche dans son paillasson, il faut attacher une corde
à un pieu de devant, au-dessous
d'un petit clou, la passer par-
dessus le haut de la ruche, et
toujours en serrant fortement ,
l'attacher solidement à un pieu
de derrière, aussi au-dessous
d'un petit clou.

CHAPITRE XVII.

Chaperons.

LORSQU'UNE ruche est bien enveloppée de son paillasson, il lui faut un chaperon pour la mettre à l'abri de toutes les injures du temps; mes chaperons sont des plateaux de plâtre, ronds, de vingt pouces de diamètre, très-plats en-dessous, convexes en-dessus; l'épaisseur est de trente lignes au milieu, venant se réduire à quinze lignes sur les bords, pour faciliter l'égoût de l'eau ; on les fait sur une table, dans un moule, qui est un cercle contenu entre des clous d'épingles, qui s'arrachent facilement après que le plâtre est bien pris. En faisant le chaperon, on aura eu soin d'interposer à son intérieur quelques bouts de lattes croisés, pour lui donner plus de solidité. On doit laisser sécher ces chaperons dans un grenier, pendant une année, ou au moins six mois avant de s'en servir ; alors ils durent bien dix ans et plus, en bravant pluies, neiges, gelées et dégels : avant de poser un chaperon sur une ruche, on doit y placer trois petits tuileaux ou tasseaux pour le soutenir, de façon que l'air puisse toujours circuler dessous ; c'est le moyen indispensable, mais sûr, d'empêcher l'humidité d'attaquer la ruche; on peut donner aux chaperons la forme octogone, qui offre un aspect agréable ; j'en ai de cette espèce.

CHAPITRE XVIII.

Placement des ruches à hausses simples.

Les ruches à hausses simples se placent, comme les villageoises, sur une ligne tracée au cordeau ; mais, de l'entrée de l'une à l'entrée de l'autre, il faut mettre une distance de trente pouces ; cela est nécessaire afin de pouvoir passer entre deux ruches, sans être gêné par les chaperons, qui ne laissent entr'eux qu'un espace de dix pouces.

C'est une chose agréable à voir, qu'une ou plusieurs rangées de ruches, placées sur une ou plusieurs lignes, bien habillées de mes paillassons, et coiffées de leurs chaperons blancs, octogones ou ronds, et toutes à hauteur égale.

CHAPITRE XIX.

Recueillir les essaims dans une hausse.

Une seule hausse suffit pour recueillir un essaim ; avant de s'en servir, on en ôte le fond inférieur, on ferme, on fixe, et on bouche avec du pourget la coulisse supérieure ; on doit très-particulièrement s'assurer si des baguettes en croix sont au milieu de cette hausse ; car, à leur défaut, l'essaim qui serait

recueilli pourrait tomber lorsqu'on le transporte ; le plus sûr
est, aussitôt que l'essaim est
recueilli dans la hausse, de la
poser sur un fond dont la coulisse est fermée, et de le clouer
de suite, au moyen de clous
d'épingles qui ont dû être mis
d'avance à ce fond, enfoncés à
moitié ; on peut porter ainsi
sous son bras un essaim, sans
que personne s'en doute ; j'en ai
envoyé fort au loin de cette manière ; pour mettre en place cet
essaim, on a dû établir une tablette sur ses pieux, et sur cette

tablette une hausse vide, close de ses deux fonds, sur laquelle on pose la hausse qui contient l'essaim ; lorsqu'il est placé, on met par-dessus une hausse postiche vide, et dont les coulisses fermées ne lui laissent aucune communication ; une hausse postiche ne sert qu'à maintenir la ruche dans une hauteur égale à celle des autres ruches, et à soutenir le paillasson à cette même hauteur ; on s'assure que la coulisse inférieure de la hausse de l'essaim est ouverte, ainsi que les deux coulisses de la hausse

inférieure, et on habille complètement cette ruche avec le paillasson et son chaperon.

Il est probable que cet essaim
remplira ses deux hausses dans
le courant de ce premier été ;
c'est pourquoi, au mois d'avril
de l'année suivante, on devra
lui passer sous ses deux hausses,
la hausse qui était postiche ; cette
ruche alors sera de trois hausses,
dont on tiendra toutes les coulisses ouvertes, pour que les
abeilles y communiquent.

CHAPITRE XX.

Formation des essaims artificiels, et manière d'y procéder, avec les ruches à hausses simples.

C'est du quinze mai au vingt cinq juin, ou quelques jour plutôt, selon que la saison es plus ou moins avancée par l chaleur, sur le soir, lorsqu les abeilles sont toutes rentré dans la ruche, ou qu'on y a fa rentrer celles qui restent enco

en-dehors, en les aspergeant légèrement d'un peu d'eau avec
quelques brins de paille, qu'on
doit procéder à la formation d'un
essaim; les ruches alors sont
composées de trois hausses pleines, dont la supérieure est ap-
pelée hausse d'essaim, et les
deux autres la ruche souche.

1.º A quelques pas de la ruche à opérer, il faut établir une
tablette sur ses pieux, et poser
dessus une hausse vide, ayant
ses deux fonds, dont on ouvre
la coulisse supérieure, et on
ferme l'inférieure.

2.º On apporte auprès une autre hausse vide, qui ne servira que comme postiche, plus un paillasson, un chaperon, et une corde ; on pose le tout à terre.

3.º On se rend derrière la ruche qu'on veut opérer, on pose auprès, à terre, une tablette et deux hausses vides; on ferme la coulisse inférieure de la hausse inférieure de la ruche à opérer ; on déshabille cette ruche, en lui ôtant son chaperon et son paillasson ; on défait la corde, et on ferme toutes les coulisses des trois hausses.

4.º On enlève toute la ruche, on la pose sur la tablette qui est à terre, on prend une des hausses vides qui est auprès, on la place sur la tablette où était la ruche, on ferme la coulisse inférieure de cette hausse vide, et on en ouvre la coulisse supérieure; ensuite on enlève la hausse d'essaim, que l'on pose sur cette hausse vide; on place comme postiche la hausse qui est à terre, et dont les deux coulisses doivent être bien fermées, afin que les abeilles ne puissent y communiquer.

5.º On emporte la ruche souche, qui n'a plus que deux hausses, on va la poser sur la hausse vide qu'on a établie à quelques pas sur sa tablette, on ouvre la coulisse inférieure de cette ruche souche, pour qu'elle puisse communiquer avec la hausse vide sur laquelle on vient de la poser, et on habille complètement cette ruche, dont les abeilles ne devant pas sortir jusqu'à nouvel ordre, doivent être enfermées par la coulisse inférieure.

6.º Le lendemain, du matin,

on ouvre la coulisse inférieure
de la ruche essaim, on l'observe
long-temps, à différens inter-
valles, pour s'assurer qu'elle se
tranquillise et se livre au travail,
ce qui aura lieu assez promptement, si la reine-mère se trouve
restée dans cette ruche essaim ;
si cela arrive ainsi, il faudra la
laisser travailler tout le jour, et
le soir, en fermer la coulisse
inférieure, après la rentrée des
abeilles, la déshabiller, et de
suite la porter à la place où l'on
a mis la ruche souche, qu'on
déshabille aussi, et qu'on rap-

vail, iront aux champs, rappor-
teront de la récolte, et se con-
soleront, en attendant la venue d'une jeune reine, qui
éclôra sous très-peu de jours du
couvain royal, qui, dans cette
saison, est répandu dans toutes
les parties d'une ruche, et par
conséquent il s'en trouve dans
la hausse d'essaim. On doit remarquer que pour le succès de
la formation d'un essaim artificiel, l'essentiel est que la partie
où se trouve la reine mère, ne
reste point à sa place primitive;
mais qu'on y mette l'autre par-

tie, parce que si cette reine
mère restait à cette place primitive, toutes les abeilles de
l'autre partie y reviendraient,
au lieu que la place primitive
étant occupée par la partie de
ruche qui n'a point de reine,
cette partie s'augmentera suffi-
samment en population, par le
nombre d'abeilles qui reviendront par habitude à cette place
primitive, et s'y fixeront.

9.º On ne doit pas oublier
que, depuis deux jours, on a
laissé emprisonnées toutes les
abeilles qui sont dans la partie

de ruche où est la reine mère ;
il faut donc s'en occuper, en
ouvrant sur le soir la coulisse
du bas de cette ruche, pour leur
donner la liberté.

M. du Carne de Blangi avait
donc raison de dire, qu'en di-
visant ainsi une ruche horizontalement, c'était l'affaire des
abeilles, que de se procurer une
reine dans la partie qui ne pos-
sédait pas la reine mère.

En suivant les procédés que
je viens de détailler, il est rare
de n'avoir pas de succès, si la
saison n'est pas extraordinaire

ment désavantageuse ; mais pour s'assurer de l'opération, il sera fort utile d'avoir en poche ce Manuel, et de le consulter souvent, à mesure qu'on procédera à la formation d'un essaim : c'est le moyen d'éviter de l'embarras, de l'oubli, et des méprises.

CHAPITRE XXI.

*Poids des différentes parties d'une ruche à **hausse simple**, et d'une ruche entière, et machine à peser les ruches pleines pour les récolter.*

Une hausse octogone, avec ses deux fonds et coulisses, pèse. . . . . 6$^{liv.}$ 8$^{onces.}$
Un fond pèse. . 1   8
Une ruche complète à trois

hausses vides, pèse de 19^l. 8°. à 20 liv.

Une tablette, avec sa planchette, pèse 2 liv.

Un chaperon pèse 3o liv.

Une ruche complète à trois hausses vides, avec sa tablette et la population, pèse de 28 à 3o liv,

Pour me faciliter l'opération de peser mes ruches pleines, pour en faire la récolte, j'ai construit une machine dont je vais donner la description.

Elle consiste en deux montans implantés dans deux pieds, et assemblés dans le haut par deux traverses; le tout à cinq pieds neuf pouces de haut, un pied neuf pouces de large; les montans ont quinze lignes d'épaisseur, et trois pouces de large; les traverses ont la même épaisseur et largeur, et sont posées à plat, l'une à ras du haut des montans, et l'autre à six pouces plus bas; les bouts inférieurs des montans sont fixés, chacun dans un pied en bois de chêne, épais de trente lignes, long de dix-huit pouces, et large de trois pouces; au milieu de la traverse inférieure, est une ouverture horizontale , de deux pouces de long , selon le fil du bois, sur un pouce de large ; dans cette ouverture est établie une poulie de quinze à seize lignes de diamètre ; en plaçant cette machine devant soi, les deux montans présentent chacun un plat en-dehors, et un plat en-dedans de la machine, et la longueur de ses deux pieds est en avant ; dans cette position, sur le plat du montant à droite , vis-à-vis du milieu d'entre les deux traverses , est pratiquée une ouverture verticale , longue de deux pouces sur un de largeur, dans laquelle est posée une poulie, aussi d'un diamètre de quinze à seize lignes.

Toujours sur le plat extérieur de ce montant à droite, à la hauteur de deux pieds deux pouces au-dessus de terre, est appliqué de champ et debout, un morceau de bois de chêne équarri, long de dix pouces, large de quatre, et épais de trois, avant de clouer ainsi debout ce morceau de bois, dont le milieu de sa longueur doit se trouver à la hauteur susdite de deux pieds deux pouces au-dessus de terre, on lui a fait, à ce milieu, une échancrure carrée, profonde de trente-deux lignes, haute de quatre pouces, dans laquelle est établi un tambour, ou poulie épaisse de trente lignes, ayant trois pouces de diamètre, et posée de manière qu'un bout de son axe entre dans le montant, après avoir traversé le morceau de bois et ladite poulie : cet axe est en fer, et carré par le bout extérieur, auquel on adapte une manivelle.

Une corde forte, sans être

grosse, est retenue par un nœud fait à son extrémité, dans un trou pratiqué près du bout, à droite de l'ouverture, qui est au milieu de la traverse infé-rieure ; cette corde ensuite est passée par-dessous la poulie qui est auprès, remonte et passe par-dessus la poulie qui est au haut du montant à droite, re-descend et passe sous le tam-bour, sur lequel on fixe, avec un clou, le bout de cette corde, qui, lorsqu'on tourne la mani-velle, se dévide autour du tam-bour et enlève la ruche, au

moyen d'un crochet de fer, armé d'une petite poulie, sous laquelle on a eu soin de faire passer la corde, aussitôt après qu'on
en a fixé le premier bout sous la
traverse inférieure de la machine.

~~~~~~

CHAPITRE XXII.

Récolte des ruches ; Usag
de la machine.

Vers la fin de septembre, o
dans le commencement d'octo
bre, on procède à la récolte de
ruches ; à cet effet, on apport
derrière la ruche que l'on veu
récolter, la machine que je vien
de décrire ; on déshabille l
ruche, on ferme toutes les cou
lisses, on place les deux pieds e
montans, un de chaque côté d
~~~~~~

cette ruche, on assure solidement la machine, et de façon
que la corde de la poulie avec
son crochet, descendent juste
au milieu du haut de la ruche ;
on tourne la manivelle , pour
remonter le crochet jusque contre la traverse ; on passe ce crochet dans l'anneau d'un peson,
qu'on descend ensuite jusque
sur la ruche ; on passe le crochet du peson dans la corde ,
dont on a dû entourer, du haut
en bas, la ruche avec sa tablette ;
on tourne la manivelle jusqu'à
ce que le peson enlève le tout

et fasse voir combien il pèse. En défalquant les vingt-huit ou trente livres, poids de la ruche avec sa tablette, on sait ce qu'il y a de miel et de cire, et par conséquent ce qu'on peut en prendre, sans priver les abeilles des dix à douze livres de miel qui leur sont nécessaires pour passer l'hiver et arriver aux fleurs du printemps.

Il ne suffit pas de savoir ce qu'il y a de miel en totalité dans la ruche, il faut s'assurer encore de ce que la hausse supérieure en contient à elle

seule : on descend donc la ruche, avec sa tablette, sur ses
pieux, on défait la corde qui
l'entourait, on en passe une
moins grande par-dessous la
hausse d'en haut, on la noue
par-dessus, et on pèse cette
hausse ; si, défalcation faite de
ce que pèse le bois de la hausse,
elle contient à elle seule telle
quantité de miel, qu'il ne res-
terait plus dans la ruche sa
provision suffisante pour passer
l'hiver, alors on s'abstient de
la récolter.

Quoique par tous les moyens

que j'ai indiqués, on puisse faire
seul toutes les opérations en
question, il est bon, quand
cela se peut, d'avoir un second
avec soi.

CHAPITRE XXIII.

Nouvelles ruches à hausses à double divison, horizontale et perpendiculaire, propres à faire la récolte et des essaims artificiels, avec la plus grande facilité et le plus grand succès, inventées et mises en usage par l'Auteur de ce Manuel.

En parcourant le Dictionnaire de l'abbé Rozier, en 1782, la ruche de M. de Gélien fixa

particulièrement mon attention.
Certain que la ruche la plus
parfaite serait celle dont la construction peu compliquée, réu-
nirait les deux avantages d'être
à hausses closes et à coulisses,
telles que les miennes, pour la
facilité de la récolte, et d'être
divisible, comme celles de Gélien, pour la facilité de faire de
bons essaims artificiels, je ne
balançai point pour scier du
haut en bas mes hausses simples, exactement par le milieu
de deux faces en opposite, afin
de les diviser en deux parties

égales, ce qui me produisit deux demi-hausses par chacune ; par suite de cette opération, chaque demi-hausse se trouvant ouverte d'un côté, je l'ai fermée de toute sa hauteur avec une planche mince, au milieu de laquelle j'ai fait un passage, large de trois pouces et haut de quatre ; en cet état, deux demi-hausses, rapprochées l'une de l'autre, forment une hausse entière, contenue devant et derrière, par deux ou trois crampons à deux pointes, faits chacun avec un bout de fil de fer mince, long de quinze à seize lignes, recourbé d'équerre par les deux bouts.

Les fonds de cette hausse sont aussi sciés chacun en deux parties égales, et appliqués à chaque demi-hausse, avec trois clous d'épingle.

Il est facile d'apercevoir que cette hausse, posée sur la tablette, dans l'épaisseur de laquelle est pratiquée l'entrée de la ruche, laquelle entrée, pour ces ruches divisibles, doit avoir trois pouces de long, les abeilles ont un moyen facile de monter dans chaque demi-hausse, où elles trouvent le grand passage de trois pouces sur quatre, qui les met en grande communication dans toute la ruche composée de trois hausses; une coulisse de dix-huit lignes en carré, est adaptée au fond de chaque demi-hausse; l'une se tire à droite, et l'autre à gauche de la ruche, pour en fermer et ouvrir à volonté l'entrée aux abeilles dans chaque hausse. Une coulisse large de trente-huit lignes, et haute de cinquante, est posée au passage du milieu de chaque demi-hausse, et se tire par derrière la ruche, pour empêcher les abeilles de communiquer d'une demi-hausse à l'autre, lorsque cela devient nécessaire ; cette grande coulisse est montée sur deux bouts de fil de fer gros, indépendans l'un de l'autre, terminés chacun en anneau horizontal, dans lesquels on passe un morceau de fer, pour tirer cette coulisse, qui, avec ses bouts de fil de fer, ne doit avoir en tout qu'un pied de long.

De cette disposition il s'ensuit

que, pour faire la récolte du miel, on ferme, en les poussant, les deux coulisses inférieures de la hausse supérieure que l'on veut récolter ; on ferme aussi les deux coulisses supérieures de la haus-se qui se trouve au-dessous, et on enlève la hausse supérieure qui contient la récolte ; dans cette occasion, mes hausses à double division peuvent procurer le même avantage que donnent les couvercles amovibles, imaginés par M. Lombard, pour enlever seulement une petite partie des provisions ; car on peut, à volonté, ne récolter qu'une demi-hausse, à laquelle on substitue une demi-hausse vide.

Lorsqu'il s'agit de former un essaim artificiel, on tire par derrière la ruche, les grandes coulisses qui ferment les passages d'une demi-hausse dans l'autre; on ferme aussi les deux petites coulisses inférieures de la hausse inférieure; on détache les petits crampons qui unissent ensemble les demi-hausses qu'on décolle avec un ciseau mince, ce qui forme deux demi-ruches pleines, dont on met l'une sur une petite table à côté de soi ; on rapporte une demi-ruche vide contre chacune des demi-ruches pleines ; on les unit avec les petits crampons ; on en laisse une sur sa tablette primitive, on place l'autre à vingt pas plus loin, et on rouvre les grandes et petites coulisses des demi-hausses ; on se conduit d'ailleurs comme je l'ai précédemment indiqué, afin de ne pas laisser à sa place primitive celle qui possède la reine mère.

Dans toutes ces opérations,

les abeilles sont restées enfermées et tranquilles, et l'opérateur n'a éprouvé ni mérité les piquans effets de leur colère; il est évident que rien ne peut être plus favorable au succès des essaims artificiels, que des ruches qui, sans la moindre difficulté, se divisent du haut en bas en deux parties égales, et se trouvent avoir ainsi chacune la même quantité de population, de couvain de toute espèce, et de provisions.

Une ruche complète de trois hausses, divisibles en six demi-

hausses, avec toutes ses dépen-
dances, revient à quinze francs ;
ces ruches sont comme celles à
hausses simples, d'une longue
durée, et peuvent de même être
faites sur un plus grand modèle,
selon les avantages que procurent les différens climats et leurs
produits.

CHAPITRE XXIV.

Tire-coulisse : instrument propre à cet effet.

Chacun sait combien les abeilles sont soigneuses de boucher avec la propolis, toutes les fentes, les issues, et les vides qu'elles aperçoivent à l'intérieur de leur habitation. Cette propolis paraît être une gomme-résine, qui se durcit en se desséchant ; il arrive souvent que les abeilles en enduisent les bords des coulisses, ou bien y attachent leur ouvrage, ce qui les rend difficiles à tirer, et occasionne aux ruches des secousses fâcheuses ; pour remédier à cet inconvénient, et tirer les coulisses avec la plus grande facilité, j'ai imaginé un tire-coulisse, petit instrument qui atteint parfaitement le but que je me suis proposé ; il consiste en un morceau de fer plat, long de dix-huit pouces six lignes, épais de deux lignes, et large de sept. Ce morceau est recourbé sur son plat par les deux bouts, de manière qu'étant mis debout, il présente la f rme de deux montans réunis en haut par une traverse, le tout ayant sept pouces neuf lignes de hauteur, sur trois pouces de large.

A trois pouces neuf lignes près de la traverse du haut, est une traverse de fer de même épaisseur et largeur, posée à plat ; au milieu de cette traverse, est nn trou carré, de quatre lignes de diamètre, et au milieu de la traverse du haut, est aussi un trou rond du même diamètre.

Dans ces deux trous passe et va et vient librement un boulon de fer, long de sept pouces neuf lignes, du diamètre de quatre lignes, façonné en vis par un bout, sur une longueur de quatre pouces, carré dans le reste de sa longueur, laquelle se termine en crochet. Lorsque la vis est passée au travers des deux trous des traverses, et sort par le haut de l'instrument, on y adapte une petite manivelle portant écrou, laquelle en tournant, attire le boulon, dont le crochet devra attirer la coulisse;

à cet effet, avant d'attacher à demeure la planche mince qui doit clore une demi-hausse, laquelle porte sa coulisse, on a fait au bois de la ruche deux petites entailles, dans lesquelles sont logés les bouts de fil de fer de la coulisse, de manière que leurs anneaux sortent en-dehors l'un au-dessus de l'autre, dans une position horizontale.

C'est dans ces deux anneaux, dont chacun n'est ouvert que de trois lignes en diamètre, que l'on place debout un morceau de fer plat, long de quatre pouces.

neuf lignes, large de huit lignes, épais de deux, que j'appelle le petit valet, dont
chaque bout est arrondi et ré-
duit à la grosseur de deux lignes
et demie, l'un sur une longueur
de neuf à dix lignes, et l'autre
sur celle de cinq seulement,
de façon que chacun a une embâse; le milieu de ce morceau
de fer forme un ventre percé
d'un trou ayant quatre lignes
de diamètre, dans lequel on
met le crochet du boulon à vis.
Avant de se servir de l'instrument, on a fait à l'extrémité

inférieure de chacun de ces deux montans, une pointe longue de trois lignes avec embâse; pour se servir de l'instrument, et tirer une grande coulisse, on commence par poser le petit valet dans les deux anneaux, en le faisant monter par le bout le plus long dans l'anneau supérieur et le laissant redescendre dans l'inférieur, où il s'arrête sur son embâse.

Ensuite on présente contre la ruche les deux pointes de l'instrument, on met le crochet dans le trou du ventre du petit valet, on tourne la manivelle ; les deux petites pointes s'enfoncent dans le bois de la ruche, et se trouvent arrêtées par leur embâse ; on continue de tourner, la coulisse se détache ; on achève de la faire marcher, en prenant avec la main le petit valet, pour la faire fermer complètement, ou bien on continue de tourner la manivelle, jusqu'à ce que la coulisse arrive à son point convenable, contre deux petits clous posés à cet effet à l'intérieur.

On se sert aussi du tire-coulisse pour détacher les coulisses des hausses simples, en mettant le crochet dans leurs queues de fil de fer; le petit valet est alors inutile.

Les petites coulisses des demi-hausses devant se fermer en poussant, on les dresse bien avec des pinces, et on les force de marcher, en frappant avec un marteau, ou mieux avec une bonne palette de bois dur, contre le bout de leur queue de fil de fer, qui est fort et court.

Pour refermer les grandes

coulisses, en repoussant également ensemble leurs deux queues, on se sert du petit valet, remis dans leurs deux anneaux.

~~~~~~~~~~~~~~~~~~~~~~~~~~~~~~~~~~

CHAPITRE XXV.

Manière de faire le Miel et la Cire. (Extrait du Dictionnaire de ROZIER.).

LORSQU'ON ne se sert que des ruches villageoises en paniers, on peut se dispenser de faire soi-même son miel, en vendant annuellement aux acheteurs les abeilles, leur ouvrage et les paniers; mais si on a adopté l'usage des ruches à hausses, on
~~~~~~~~~~~~~~~~~~~~~~~~~~~~~~~~~~

est obligé de faire son miel pour le vendre ensuite en pots de grès, qu'on aura eu soin de tarer auparavant.

Pour bien faire le miel, s'il est dans mes hausses, on les ouvre par le bas, en détachant le fond avec un ciseau ; on en détache les gâteaux, comme on le fait des ruches villageoises ; on choisit les plus beaux, exempts ce couvain, on les brise un peu, on les dépose dans des paniers à claire-voie, mis au-dessus de terrines propres, dans lesquelles découle ce premier miel, appelé *vierge* ; lorsque ce premier miel cesse de couler, et après qu'on a bien nétoyé les autres gâteaux, on réunit le tout ensemble, on le brise un peu sans le pétrir, on les remet dans les paniers, où ils restent jusqu'à ce que le miel ne coule plus : ce second miel est de seconde qualité, sans cependant qu'il y ait une grande différence d'avec le premier.

Le miel ne coulant plus du tout, on pétrit ensemble tous les gâteaux, on les met dans des sacs de cannevas ou toile claire et forte, que deux personnes tordent fortement; il en résulte un miel de troisième qualité ; mais lorsqu'on ne veut pas y faire tant de façons, après avoir bien nétoyé les gâteaux, on les brise et pétrit tous ensemble, on les met dans les sacs de cannevas, et de suite, sous une presse grande ou petite, c'est

le seul moyen de faire le miel
promptement et sans perte; une
petite presse bien faite, du prix
de quinze à vingt francs, fait
encore bien de l'ouvrage; plusieurs possesseurs d'abeilles dans
une commune pourraient se
réunir pour établir une presse
portative, qu'ils se passeraient
l'un après l'autre.

Quand on a fini de presser
son miel, on en jette le marc
qui contient la cire, dans des
baquets remplis d'eau bien

nette ; on le remue souvent pendant deux ou trois jours, pour en séparer le peu de miel qui pourrait y être resté, après quoi, on met cette pâte dans un chaudron ; on y ajoute de l'eau, jusqu'à ce qu'il soit rempli aux deux tiers, et on le met sur un feu clair et modéré ; à mesure que l'eau bout et que la cire se fond, on la remue avec un bâton ; il ne faut pas trop laisser cuire la cire ; dès qu'elle est bien fondue, on verse le tout dans un sac de toile forte et claire, mis au-dessus d'un vase propre à recevoir cette eau, et de suite on met ce sac sous la presse, au-dessous de laquelle est encore un vase pour recevoir ce qui est pressuré ; avant de mettre le sac sous la presse, on a dû la bien laver avec de l'eau fraîche.

Lorsque l'eau bouillante et la cire qu'elle contient sont refroidies, la cire se trouve figée au-dessus ; alors on l'enlève avec la main, et avec une écumoire ; on râcle le dessous avec un couteau, on la dépose dans des vases, pour ensuite réunir le tout ensemble, et le faire fondre de nouveau avec un peu d'eau ; après quoi on le verse dans des vases évasés, pour en former des pains, qu'on râcle bien par-dessous, avant de les vendre.

CHAPITRE XXVI.

OBSERVATIONS.

Ruches de M. LOMBARD.

Aux personnes qui ne vou-
draient point faire la dépense
de mes ruches à hausses simples, ou à double division, ni
se livrer à la formation des essaims artificiels, je ne peux
trop leur recommander l'adop-

tion des ruches villageoises de
M. Lombard.

Essaims recueillis dans deux demi-hausses réunies.

ON peut, dans une seule hausse composée de deux demi-hausses, réunies par leurs petits crampons de fil de fer, recueillir un essaim qui serait parti naturellement ; on ne met point des baguettes en croix dans les demi-hausses.

Rats , souris , mulots.. — Précautions à prendre.

QUOIQUE des hausses en bois s'opposent à l'entrée des rats , souris, mulots et museraignes dans les ruches, cependant j'en ai perdu une , dans laquelle s'était introduit un mulot qui avait rongé le coin de l'entrée; n'ayant pu en sortir aussi facilement, ou piqué par les abeilles, il resta mort dans la ruche,

mais sa mauvaise odeur la fit
périr.

Pour éviter cet accident, il
faut clouer à l'entrée des ruches, avant l'hiver, un morceau de fer-blanc, long de
trois pouces, et qui, descen-
dant dans le passage, le réduise
à la hauteur de six lignes, au
lieu de neuf.

Nourriture aux Abeilles.

Sɪ on veut donner de la nourriture aux abeilles logées dans les ruches à hausses simples ou à hausses divisibles, il faut faire une hausse simple, qui n'ait que trois pouces de hauteur et sans fond, à laquelle on pratique un passage de quatre pouces et demi de long sur dix-huit lignes de haut; on passe cette hausse sous la ruche

que l'on veut alimenter , et par
le passage pratiqué , on introduit par le derrière de la ruche , un tiroir fait avec du bois
mince , ayant quatre pouces
cinq lignes de large , huit pouces de long , sur dix-sept lignes
de profondeur; on emplit ce
tiroir de miel , qu'on recouvre
d'un papier très-piqué avec une
grosse épingle.

Je n'ai point parlé des différentes espèces d'abeilles appri-
voisées ou domestiques ; il y en

a quatre, dont celles de la première sont grosses, longues et très-brunes ; celles de la seconde sont un peu moins grosses, et presque noires ; celles de la troisième sont grises et de moyenne grosseur ; celles de la quatrième sont petites et couleur jaune-aurore, luisant et poli ; cette dernière espèce est la meilleure ; mais elle manque dans notre païs ; on ne la trouve qu'en Flandre et en Hollande ; nous devons

(173)

nous en tenir à la seconde espèce, qui est la plus répan-
due, et assez bonne.

F i n.